新雅・成長館

死亡是什麼？
給孩子的生命教育課

茉莉・帕特（Molly Potter）著

莎拉・詹寧斯（Sarah Jennings）繪

新雅文化事業有限公司
www.sunya.com.hk

新雅・成長館

死亡是什麼？給孩子的生命教育課

作　　者：茉莉・帕特（Molly Potter）
繪　　圖：莎拉・詹寧斯（Sarah Jennings）
翻　　譯：何思維
責任編輯：陳志倩
美術設計：鄭雅玲
出　　版：新雅文化事業有限公司
　　　　　香港英皇道499號北角工業大廈18樓
　　　　　電話：（852）2138 7998
　　　　　傳真：（852）2597 4003
　　　　　網址：http://www.sunya.com.hk
　　　　　電郵：marketing@sunya.com.hk
發　　行：香港聯合書刊物流有限公司
　　　　　香港荃灣德士古道220-248號荃灣工業中心16樓
　　　　　電話：（852）2150 2100
　　　　　傳真：（852）2407 3062
　　　　　電郵：info@suplogistics.com.hk
印　　刷：中華商務彩色印刷有限公司
　　　　　香港新界大埔汀麗路36號
版　　次：二〇二〇年三月初版
　　　　　二〇二三年四月第二次印刷

版權所有・不准翻印

ISBN: 978-962-08-7450-5
Original Title: *Let's Talk about When Someone Dies*
Text copyright © Molly Potter, 2018
Illustration copyright © Sarah Jennings, 2018
All rights reserved.
This translation of Let's Talk about When Someone Dies is published by Sun Ya
Publications (HK) Ltd. by arrangement with Bloomsbury Publishing Plc. through
Andrew Nurnberg Associates International Limited.

Traditional Chinese Edition © 2020 Sun Ya Publications (HK) Ltd.
18/F, North Point Industrial Building, 499 King's Road, Hong Kong
Published in Hong Kong SAR, China
Printed in China

新雅・成長館

死亡是什麼？
給孩子的生命教育課

茉莉・帕特 (Molly Potter) 著

莎拉・詹寧斯 (Sarah Jennings) 繪

新雅文化事業有限公司
www.sunya.com.hk

親愛的小朋友：

　　如果你的親友死去，你可能會非常傷心，感到很大壓力，不知道該怎樣做才好；即使是大人，也未必知道該怎樣跟你解釋，或回答你的所有疑問。死亡這件事總是令人難以開口，人們往往不知道該說什麼，也不懂得如何平復內心的複雜情緒。因為大人擔心會說錯話，所以有時候他們會避免談及死亡這件事。

　　這本書卻是以死亡為主題，嘗試為你解答這些問題：死亡是什麼？為什麼人會死去？親友死去，我們會有什麼反應？人死後會怎樣？我們可以怎樣紀念死去的人？

　　你選擇閱讀這本書，可能是因為最近你的親友死去，也可能是因為你對死亡感到好奇，想了解更多。無論原因是什麼，你都能在書裏找到有關死亡的答案，書裏還有一些提示，讓你知道如何處理親友死去時出現的複雜心情。

小提示

不管你是獨自看這本書，還是跟大人一起閱讀，要是碰到不明白的地方，就向大人請教吧！

目錄

死亡是什麼？

　　我們活着的時候，心臟會怦怦地跳動。我們還會呼吸、吃喝、跑跳、說話、思考、表達情感，也會感受到冷熱和疼痛。

　　可是，當人死去，就不能再做這些事情。

人死了，心臟就會停止跳動。他們不再呼吸，腦袋也不再運作，活着時會做的事情，死後都不能再做了。

一個人死去後，就不再需要身體。死去的人已經失去了生命，永遠都不會再活過來。

請留意！

有些人在死前病得很厲害，他們的身體充滿痛楚，不能走動，甚至不清楚四周發生的事。但當他們死去後，就不再受痛楚折磨，他們的樣子看起來會很平靜、安詳。

「死亡」有哪些代替詞？

遇上親友死去，人們會感到傷心，不大願意說出「死亡」兩個字。他們會用一些間接的字詞來代替「死亡」，讓人聽後不會感到太震驚或難過。不過，你年紀還小，這些代替詞可能會把你弄糊塗。

有些人會用「過身」、「去世」來表示死亡，有些人會說死去的人「去了一個更美好的地方」，或是「到天堂去了」。此外，有些人會說死去的人「離開了」。這些說法都是死亡的意思，讓別人聽起來覺得舒服一點。

芙露長眠了。

佩琪安息了。

樂文去見造物主了。

伊迪得到解脫了。

你知道嗎？

在廣東話裏，還有一些特別的說法用來表示死亡，好像「釘蓋」、「賣鹹鴨蛋」、「兩腳一伸」、「先行一步」等。有些人認為，這樣說可以避免「死亡」這個不吉利的詞語。不過，在別人仍然因為失去親友而感到十分難過時，我們就不要使用這些說法了。

為什麼人會死去？

人類跟植物和動物一樣，不會永遠活下去，到了某個時候，我們的生命就會結束。大部分人都會活一段很長的時間，直到年老時才死亡；可是有時也會出現一些不尋常的情況，少數人還未到老年就死去了，這會讓人感到特別難過，或覺得很不公平。

有些人因為得了重病而死去，雖然他們很想活下去，但當身體停止運作後，醫生已沒辦法治好他們。有些人則因為遇上意外而身受重傷，最後活不過來。

沒有人知道自己會在什麼時候死去，但是大部分人都會活很長時間的。

請留意！

有時，我們會說死亡就好像沉沉睡去，不再醒過來。人死了，身體靜止不動，看上去真的像睡着了一樣，但是睡覺跟死亡絕不相同——你睡着時，仍然是活着的。

我們怎樣知道一個人已經死去？

　　有時候，要是一個人病了很久，醫生告訴我們，病人患上的重病是沒辦法治癒的，我們就知道他將會死去了。這時候，我們能為死亡的來臨做好準備，並且把握機會，親身跟對方說再見。病人死後，雖然我們仍然會感到非常難過，但不會過於驚訝，不知如何是好。

婆婆，
我愛你！

可是，有時候死亡會突然來臨，令我們意想不到——人們可能患上急病而死亡，或是死於意外，這樣死訊便會來得很突然。很多時候，你會跟大人同時收到壞消息，大家都會感到很震驚。

當大人告訴你某位親友死了，他們會跟你解釋發生了什麼事，並且回答你的問題。但是，他們可能很傷心，要是你看見他們在哭，就給他們一個擁抱吧。人們為死去的親友而哭是很正常的事。

親友死去時，我們會有什麼感受？

你也許會很難過，即使過了一段日子，還是非常傷心，你從來沒有試過這樣。

你也許會感到生氣——有時是因為死去的親友，有時是因為其他事情。

你也許會擔心親友死去所帶來的轉變。

你也許會覺得沒有安全感，需要別人的安慰和支持。

你也許會感到孤單。

疑惑

擔心

憤怒

你的心情也許會變得複雜，難以向別人解釋。

有時，這些情緒會很強烈，讓你覺得很難受。

有時，你會感到平靜，彷彿什麼事情都沒有發生。

請留意！

親友死去時，你可能會有不同的感受，有時會感到很難過，有時卻好像沒有什麼感覺，這些感受實在很難解釋清楚。你可能還會擔心，向大人發問只會令他們更難過。但不要緊的，請記住我們有這些感受是很正常的啊。

親友死去時，我們會有什麼想法？

以後誰會照顧我呢？

你也許想知道你的生活會有什麼改變。

我不明白為什麼會這樣呢？

真是不公平！

你也許想知道為什麼人會死去。

你也許真的很希望，死去的人會回到你的身邊。

我怕你也會離開我。

你也許會想，其他你很重視的人也會死去（而這令你很擔心）。

你也許會想，親友死去是因為你的錯（但這不是你的錯啊）。

也許有很多想法在你的腦袋裏打轉，讓你難以集中精神。

你也許會想起跟死去的親友最後一次見面時的情景，也會想起當時自己跟他們說過的話。

你也許會感到疑惑，不知道生活會不會回復正常。

請留意！

親友死去時，你的腦袋裏可能滿是問題。有些問題也許很簡單，例如「我要如何告訴朋友呢？」有些問題或會複雜一點，好像「死去的人會到哪裏去呢？」大人會盡量回答你的問題，所以你不用害怕發問。

親友死去時，我們會有什麼反應？

你也許想躲起來，獨自一個人，什麼都不想說。

今天我們家來了一隻小貓啊。

你也許會幻想自己跟死去的親友聊天。

你也許會哭個不停。

你也許會睡不着覺。

你也許會常常要求別人擁抱你，
給你說一些溫暖、體貼的話。

你也許很希望自己能像以往一樣
過日子。

他們死的時候
會很痛嗎？

你也許會想知道發生了什麼事，
會問很多問題。

我很想念
爸爸啊。

你也許想告訴別人，自己是多麼
想念死去的親友。

請留意！

親友死去時，每個人的反應都不一樣，因此請你放心去做一些能讓自己感到舒服
的事吧！不過，你想做的事可能會隨着時間改變，每分每刻都不同。

喪禮是什麼?

　　每個喪禮都有點不一樣,會按照死者的宗教信仰來舉行。不論形式如何,喪禮都是一個特別的場合,讓家人和朋友們聚在一起,回憶死者的一生,跟他道別。

　　有些喪禮在戶外舉行,有些則在宗教場所或殯儀館。你可能會在喪禮上看見一副棺木,裏面存放了死者的身體。在一些喪禮上,棺木的蓋子會打開,好讓家人和朋友看到死者,跟他道別。

　　喪禮上可能會播放音樂,通常是死者以往喜歡的音樂。此外,出席喪禮的人會交談,分享死者以往的故事。

很多人出席喪禮時，會因為傷心而哭起來，但有時人們說起以往跟死者經歷的美好時光，也許會傳來笑聲呢，尤其在喪禮結束後人們一起吃飯的時候。

人們通常會穿上黑色衣服參加喪禮，以表示他們對死者的尊重。不過在另一些喪禮上，人們也會穿上顏色明亮的衣服，為喪禮添上色彩，慶祝死者圓滿地走完一生。

有些人會帶着鮮花出席喪禮，以表示他們對死者的愛，也有些人選擇捐款到慈善團體。

請留意！

讓孩子自己決定是否參加喪禮是很好的做法。對很多選擇出席的孩子來說，能有機會跟死去的親友說再見是很重要的。

喪禮過後，死者的身體會怎麼樣？

火葬儀式

　　喪禮結束後，棺木會被蓋上，以後人們再也見不到死去的親友了。

　　死者的身體會被送到特製的火爐裏，經過火化後變為骨灰。

　　接着，骨灰會存放在稱為「骨灰甕」的容器裏，這個骨灰甕會交給死者的家人。

　　人們可選擇保留或埋葬骨灰。另一個跟死者道別的方法，是把骨灰撒在大海或紀念花園裏，讓死者回歸大自然。

你知道嗎？

一個人剛剛死去的時候，遺體會特別存放在醫院一個非常寒冷的地方，稱為殮房。然後，家屬委托的殮葬商會幫忙舉辦喪禮，領取死者的身體，把它放進棺木內。

土葬儀式

　　喪禮結束後，棺木會被送到墳場或墓園。

　　棺木會放入一個大坑裏，然後人們會用泥土填滿這個大坑，那就是墳墓。

　　主持土葬儀式的人會跟大家說說死者以往的事跡。

　　儀式結束時，人們會把花朵或一些泥土放在棺木上，以表示跟死者最後一次說再見。

請留意！

死去的人不再需要身體，他們不再有感受，也不再思考和活動。

人們認為死後會怎麼樣?

我們都不能確定人死後會怎麼樣,不同的人有不同的看法,以下是其中一些看法:

基督徒、伊斯蘭教徒和猶太教徒都相信,人死後會到天堂,跟上帝重聚,永遠在天堂生活。

佛教徒、錫克教徒和印度教徒則相信輪迴轉世,死去的人會再次出生,開展另一段不同的人生。

出生:1928年
死亡:2013年

人文主義者認為,死亡就是人的結局了。

有些人只是坦然接受,他們並不知道人死後會怎麼樣。

不管你相信哪種說法，要是你想像死去的人仍然看見你，並跟你對話，這是很正常的事。想像死去的親友在各種時刻來跟你說話，能使你感到安慰。

雖然我們不能再跟死去的人見面，但他們會永遠活在我們的記憶裏。

請留意！

當一個人死去後，人們常常會寫上「RIP」（Rest In Peace），意思是「安息」。這個說法源於古時候，很多西方人都相信人死後會上天堂，或是化作靈魂。他們衷心認為，深愛的人在死後會前往一個平靜的地方。

親友死去一段日子後，會有什麼改變？

　　大人常常說：「時間能治癒一切傷痛。」這句說話的意思是，隨着日子一天一天地過去，我們不再像當初親友剛死去時那麼難過了，但這並不代表我們對他們的愛減少，而是我們已懂得放下傷痛，回想起的都是彼此之間的快樂回憶。

你可能會很想念死去的親友，希望他們能再次陪伴你。要是你仍然覺得很難過，這是很正常的。尋找方法來紀念死者是很重要的事，這能讓你抒發心中的感受。請翻到下一頁，了解一些紀念死者的方法吧。

如果爸爸還在，他　定很享受這天吧。我很想念他啊！

請留意！

死者已不存在於這個世界，但你的生命仍然繼續。他們的心願，必定是希望你能好好地生活，過得快樂，享受人生。

我們可以怎樣紀念死去的人？

你可以在他們生日的那天，為他們點亮一根蠟燭。

你可以設立一個紀念他們的角落，在那裏種植或擺放花朵。

為他們製作一本書。你可以寫下他們的生平故事、性格、喜歡的事物和令你難忘的說話。

邀請別人寫下跟他們之間的美好回憶，然後製成一張海報（你也可以貼上他們的照片）。

收集他們的照片、信件、物品，
並放進一個特別的回憶盒子裏。

在特別的日子裏，給他們寫一封
信，表達對他們的思念。

到墓地或他們喜愛的地方，並且
帶上心意卡或鮮花拜祭。

跟其他認識死去親友的人一起分
享，回憶他們以往的故事。

給家長和監護人的話

死亡是生命中不可避免的一部分，可是人們普遍認為死亡是一個禁忌的話題，會使人感到不安或痛苦，在孩子面前更是談「死」色變，會盡量避談死亡，並認為這是保護孩子的做法。但其實這樣做只會讓孩子無法接收正確的資訊，對孩子並無益處。

這本書是為所有孩子而寫的，包括最近失去親友的，以及從未經歷親友死亡的孩子。如果孩子目前沒有這樣的經歷，家長仍可利用這本書與他們一起認識死亡，好讓他們日後懂得應付；要是孩子正為失去親友而難過，書中的內容則有助他們走出悲傷。以下的建議會幫助你善用這本書教導孩子。

如何跟孩子談死亡

• 孩子能否明白死亡是怎麼回事，要視乎他的年紀及正處於哪個發展階段。畢竟，兩歲的幼兒跟六歲的孩子表現悲傷的方式很不同。

• 大人要盡量抱持開放及誠實的態度來談論親友去世。事實上，孩子也會意識到有什麼不對勁，要是你過度保護孩子，不讓他們知道實情，只會令他們感到困惑。

• 用簡單、直接的言詞向孩子解釋死亡的意思，直接說出「死去」一詞，不要說些令他們疑惑的委婉措詞。有些孩子也許不明白死亡的確實意思，你可以善用這本書，或運用生活上孩子會遇到的死亡經歷（如寵物死去），以幫助他們認識死亡的意思。你要讓孩子明白，死亡是人生的終結，死去的人不會復生。

• 不要推測孩子會有什麼反應，他們的反應各有不同，例如有些孩子會如常生活，但是這並沒有正確和錯誤之分。你可以跟孩子解釋，當遇上親友死亡時，他們可能會有不同的感受，而你很樂意隨時聆聽他們的心聲。

- 不要隱藏你自己的哀傷。你可以試着跟孩子解釋，由於你很愛死去的親友，所以感到很難過。

- 讓孩子盡情發問。要是你因悲傷過度而未能回答他們的疑問，可以先安慰孩子，並承諾會在適當的時候解釋一切。

- 向孩子解釋死亡可能會帶來的改變，同時也要告訴孩子，哪些日常事務會如常進行，好讓他們感到安心。

- 有些孩子或會對親友的死亡感到自責，因此你要清楚地告訴孩子，沒有人能阻止死亡發生，這亦不是任何人的過錯。

回答孩子的問題

孩子提出的問題可能會使你感到驚訝。他們對死亡充滿驚人的好奇心，從實際情況到有關死亡的細節，他們都會一一提問，甚至會問得大人啞口無言。你要試着坦誠地回答他們，要是你真的不知道答案，也得如實告訴他們你不知道，千萬不要編造模稜兩可的答案，否則你會失去孩子的信任。另外請注意，孩子可能會接二連三地問問題，然後突然不再發問，到了第二天又再次問個不停。

參加喪禮

讓孩子自己決定是否出席喪禮是最好不過的。跟所有人一樣，這對孩子來說是個珍貴的機會，可以跟死去的親友道別。因此，我們無須為了「保護」孩子而不讓他們出席喪禮。一般來說，參加完喪禮的孩子都不會後悔。

家長要在事前向孩子解釋喪禮是怎麼一回事。可以的話，預先找個值得信賴的大人，好讓他在喪禮期間能隨時陪同年幼的孩子離開。要是孩子未能出席，則可在事後說說喪禮的過程，以及回答他對喪禮的疑問。孩子喜歡的話，也可以讓他自己舉辦儀式，以跟死去的親友道別。

哀傷過程

人人面對死亡的反應都不同，但一般認為哀傷過程有幾個階段——開始時是驚訝，繼而否認，變得麻木，接着是悲痛欲絕，沮喪、絕望、憤怒、內疚等各種感受交織在一起，到最後才會接受事實，不過人們不一定按順序經歷這些哀傷的階段。各人表現哀傷的方法都不一樣，而孩子面對死亡的反應更是難以預計。如果你的孩子年紀還小，他們可能要到五歲後才能明白死亡含有終結的意思。

年幼的孩子面對死亡時，可能會有以下的反應：

- 渴望擁抱和安慰；
- 會做惡夢和難以入睡；
- 難以表達個人感受和變得沉默寡言；
- 感到內疚，認為自己需要為親友的死亡負上責任，例如因為他們曾經對死者生氣；
- 恢復年幼時的一些行為；
- 變得好鬥；
- 較容易生病；
- 難以集中精神；
- 出現強迫行為。

積極地應付哀傷

走出哀傷需要時間，其間我們仍會想起死去的親友，也會想到他們對我們來說是多麼重要，但我們要學會接受失去親友的事實，並且繼續生活下去。孩子要做到這點，必須學會表達自己悲傷的感覺，願意坦誠地談論死去的親友。以下這些事情都有助孩子應付哀傷：

- 繼續回答孩子提出的疑問，包括有關親友的死亡和將會發生什麼事；

- 向孩子承諾，你會繼續照顧、守護、疼愛他們，為他們撐起一片天；

- 你自己要先懂得給予和接受安慰、支持。父母堅強的話，會較容易幫助孩子；

- 盡量保持生活的規律；

- 在哀傷的過程中，要坦誠地跟孩子談談，讓他們說出自己正碰到哪些難題。

請記住……

在哀傷過程中，除了要傾訴心底感受，更重要的是要談及死去的親友，而定期的家庭活動有助人們盡訴心底話。此外，你不妨與孩子一起收集死去親友的物品、照片和充滿美好回憶的東西，然後放進一個盒子裏，好讓孩子隨時能打開來看。